BEI GRIN MACHT SICH IHR
WISSEN BEZAHLT

- Wir veröffentlichen Ihre Hausarbeit,
  Bachelor- und Masterarbeit

- Ihr eigenes eBook und Buch -
  weltweit in allen wichtigen Shops

- Verdienen Sie an jedem Verkauf

Jetzt bei www.GRIN.com hochladen
und kostenlos publizieren

Bibliografische Information der Deutschen Nationalbibliothek:

Die Deutsche Bibliothek verzeichnet diese Publikation in der Deutschen National-
bibliografie; detaillierte bibliografische Daten sind im Internet über http://dnb.d-
nb.de/ abrufbar.

Dieses Werk sowie alle darin enthaltenen einzelnen Beiträge und Abbildungen
sind urheberrechtlich geschützt. Jede Verwertung, die nicht ausdrücklich vom
Urheberrechtsschutz zugelassen ist, bedarf der vorherigen Zustimmung des Verla-
ges. Das gilt insbesondere für Vervielfältigungen, Bearbeitungen, Übersetzungen,
Mikroverfilmungen, Auswertungen durch Datenbanken und für die Einspeicherung
und Verarbeitung in elektronische Systeme. Alle Rechte, auch die des auszugsweisen
Nachdrucks, der fotomechanischen Wiedergabe (einschließlich Mikrokopie) sowie
der Auswertung durch Datenbanken oder ähnliche Einrichtungen, vorbehalten.

Impressum:

Copyright © 2017 GRIN Verlag
Druck und Bindung: Books on Demand GmbH, Norderstedt Germany
ISBN: 9783668713307

Dieses Buch bei GRIN:

https://www.grin.com/document/421653

Constanton Pilz

Auswirkungen und mögliche Lösungen von Lebensmittelverschwendung in Deutschland

GRIN Verlag

GRIN - Your knowledge has value

Der GRIN Verlag publiziert seit 1998 wissenschaftliche Arbeiten von Studenten, Hochschullehrern und anderen Akademikern als eBook und gedrucktes Buch. Die Verlagswebsite www.grin.com ist die ideale Plattform zur Veröffentlichung von Hausarbeiten, Abschlussarbeiten, wissenschaftlichen Aufsätzen, Dissertationen und Fachbüchern.

Hans-Sachs-Gymnasium   Oberstufenjahrgang: 2016/18

Seminarfach: Chemie

Seminararbeit

Lebensmittelverschwendung in Deutschland

INHALTSVERZEICHNIS

I) LEBENSMITTELVERSCHWENDUNG

1. Problemstellung

„Das Essen, das wir in Europa wegwerfen, würde zwei Mal reichen, um alle Hungernden der Welt zu ernähren."[1]

In Zahlen ausgedrückt sind dies 88 Mio. Tonnen verschwendete Lebensmittel im Jahr. Auf Deutschland bezogen ergeben sich folglich 18,4 Mio. Tonnen an ursprünglich für den menschlichen Verzehr bestimmten, aber weggeworfenen Lebensmitteln. Dies entspricht ungefähr einem Drittel der jährlichen Nahrungsmittelproduktion hierzulande[2], sodass die inhärente ökonomische und ökologische Problematik evident ist. Vor allem angesichts der 815 Millionen hungernden Menschen auf der Erde[3] ergeben sich begründete ethische Bedenken.

Aus all diesen Gründen rückte diese Thematik in den letzten Jahren immer mehr in den Fokus der Öffentlichkeit. Zunehmend wurden wissenschaftliche Studien erarbeitet, die halfen, Licht in die noch weitgehend unerforschte Problematik der Lebensmittelverschwendung zu bringen. Dennoch bedarf es auch künftig aufgrund der nach wie vor „sehr vagen Datenlage"[4] fundierter wissenschaftlicher Prüfungen und quantitativer Studien.

2. Zielsetzung

Bereits zum gegenwärtigen Zeitpunkt lässt sich das erhebliche Ausmaß an verschwendeten Lebensmitteln zu einem großen Teil damit begründen, dass sich die Einstellung der Bevölkerung gegenüber Nahrungsmitteln tiefgreifend gewandelt hat. In unserer globalisierten Welt wird eine immer größere Produktvielfalt mit diversen exotischen Lebensmitteln angeboten. Der Mensch befindet sich in einer Art „Schlaraffenland", ohne der Gefahr baldiger Lebensmittelknappheit ausgesetzt zu sein. Dementsprechend hat sich auch seine Einstellung gegenüber Lebensmitteln verändert: „Zu den grundlegenden Problemen unserer Zeit gehört die Unfähigkeit, zwischen Preis und Wert unterscheiden zu können."[5]

Ziel der Arbeit ist es daher, die realen Ausmaße der Lebensmittelverschwendung und ihre weitreichenden Auswirkungen unter Berücksichtigung des globalen Kontextes darzulegen, um im Leser ein Bewusstsein für die damit verbundene Problematik zu entwickeln. In diesem Zusammenhang werden praktische Lösungsvorschläge zur Vermeidung diskutiert und anhand eines Selbstversuches überprüft.

---

[1] Thurn, V. Taste the Waste (Trailer). [02:26:00 Min.]
[2] Cartsburg M./Noleppa S. Das große Wegschmeißen. [S.43]
[3] WFP. Hunger weltweit – Zahlen und Fakten. [S.1]
[4] Cartsburg M./Noleppa S. Das große Wegschmeißen. [S.28]
[5] Kreuzberger S./ Thurn V. Die Essensvernichter. [S.7]

3. Begriffsdefinitionen

Um sich vertieft mit der Thematik der Lebensmittelverschwendung auseinandersetzen zu können, müssen zuerst geeignete Verlustkategorien definiert werden. In der wissenschaftlichen Literatur wie auch in der vorliegenden Arbeit werden hierbei drei Kategorien unterschieden[6]:

- **vermeidbare Lebensmittelabfälle**, die zum Zeitpunkt ihrer Entsorgung noch uneingeschränkt genießbar wären,

- **teilweise vermeidbare Lebensmittelabfälle**, die u.a. aufgrund von diversen Gewohnheiten der Verbraucher weggeworfen werden (z.b. Brotrinden, Teile von Speiseresten oder Gurkenschalen),

- **nicht vermeidbare Lebensmittelabfälle**, die vorwiegend aus nichtessbaren Bestandteilen bestehen (z.b. Knochen oder Wachsränder von diversen Käsesorten).

Des Weiteren können Lebensmittelabfälle auf zwei verschiedene Arten anfallen. Bei den **Nahrungsmittelverlusten ("food losses")** handelt es sich um all jene Verluste, die von der Produktion bis zur Vermarktung entstehen, wie z.b. Transportschäden. Im Gegensatz dazu beziehen sich die **Lebensmittelabfälle ("food waste")** auf alle von den Verbrauchern verursachten Verluste, darunter beispielsweise Produkte, die aufgrund des abgelaufenen Mindesthaltbarkeitsdatums weggeworfen oder aussortiert werden.

II) LEBENSMITTELVERSCHWENDUNG IN DEUTSCHLAND

1. Deutschland im globalen Vergleich

Geht man für Deutschland also von ca. 18,4 Mio. Tonnen Lebensmittelverlusten pro Jahr aus und bezieht dies auf die aktuelle Einwohnerzahl von ca. 82,67 Mio. Menschen[7], so ergibt sich für jeden Bürger ein jährlicher Verlust von 222,37 Kilogramm. Damit liegt Deutschland deutlich über dem EU-Durchschnitt von 173 Kilogramm pro Person. Allerdings sind diese Bezugsdaten des Europaparlaments offenbar veraltet, da der dort angenommene Verlust, speziell auf Deutschland bezogen, auf lediglich 149 Kilogramm pro Person beziffert wird[8]. Entsprechend den neuesten wissenschaftlichen Erkenntnissen werden im Folgenden die bereits erwähnten 222,37 Kilogramm verschwendeter Güter pro Person zugrunde gelegt.

Demnach wird in Deutschland rund ein Drittel aller Nahrungsmittel entsorgt[9]. Vergleicht man diese Werte mit jenen aus Abb.1, so erkennt man, dass Deutschland im globalen Durchschnitt liegt. Bemerkenswert ist, dass, unabhängig davon, ob das betrachtete Land ein Entwicklungs- oder

---

[6] KErn. Lebensmittelverluste und Wegwerfrate im Freistaat Bayern. [S.5]
[7] The World Bank. Bevölkerung.
[8] European Commission. MEMO/11/598. [S.1]
[9] Cartsburg M./Noleppa S. Das große Wegschmeißen. [S.43]

aber ein Industrieland ist, die verschwendeten Lebensmittel zwischen 30-40% der gesamten Produktion liegen. Allerdings unterscheiden sich die Entwicklungsländer von den bereits industrialisierten dadurch, dass in den ersteren die meisten Verluste in der Landwirtschaft und Produktion entstehen, wohingegen in den letzteren der Großteil an Lebensmittelverlusten auf Verbraucherseite entsteht.

2. Orte und Ursachen der Verschwendung – eine quantitative Analyse

Im Folgenden soll die Verschwendung von Nahrungsmitteln entlang der Wertschöpfungskette betrachtet und analysiert werden. Dabei weicht die Gliederung der Analyse leicht von den in *The High Level Panel of Experts (2014)* empfohlenen Kategorien ab, so dass der Fokus deutlicher auf die Verursacher der Verschwendung gelegt werden kann[10]. Durch die Einbeziehung entsprechender quantitativer Daten wird neben den Ursachen der Verschwendung auch deren Ausmaß betrachtet. Um anschaulichere Vergleichswerte liefern zu können, sind die Verluste u.a. in Prozentzahlen ausgedrückt. Hierbei beziehen sich die Angaben auf den Anteil des jeweiligen Verursachers an der gesamten Lebensmittelverschwendung. Allerdings ist ausdrücklich auf die eher unsichere Datenlage hinzuweisen, welche auf Hochrechnungen und Schätzungen basiert (vgl. I.1.). Da die meisten Studien mit ihren Ergebnissen jedoch den „unteren Rand der Einbußen"[11] abdecken, dürfte das tatsächliche Ausmaß noch höher liegen. Somit können auf dieser Grundlage stichhaltige qualitative Aussagen über die Verschwendung und deren Ursachen getroffen werden.

2.1 Landwirtschaft

Am Anfang der Wertschöpfungskette steht die Ernte in den einzelnen landwirtschaftlichen Betrieben. Auf dieser ersten Stufe der Lebensmittelgewinnung entstehen bereits Nahrungsmittelverluste in nicht unerheblichem Ausmaß. Sie sind für Einbußen in einer Höhe von 0,98 Mio. Tonnen (5,3%) verantwortlich[12]. Hierzu zählen all jene pflanzlichen Produkte, die infolge von Beschädigungen während des mechanischen Erntevorgangs oder anderen Mängeln (z.B. Reifegrad oder Größe) aussortiert werden. Analog sind im Bereich der tierischen Produkte verschüttete Milch oder beschädigte Eier einzuordnen[13]. Diese meist durch mechanische Fehler verursachten Verluste werden entsprechend der hohen technologischen Standards in Deutschland indessen als unvermeidbare Lebensmittelverluste betrachtet[15]. Wie in der WWF-Studie von 2015 betont wird, sind in diesen Daten keine Vorernteverluste enthalten. Darunter versteht man Erzeugnisse, die bereits vor der Ernte, z.B. durch Schädlingsbefall, verloren gehen oder aufgrund von Vermarktungsnormen, etwa ästhetischen Standards, nie geerntet wurden. Es ist jedoch in diesem Bereich gerade bei

[10] HLPE. Food losses and waste in the context of sustainable food systems. [S.39 ff.]
[11] Cartsburg M./Noleppa S. Das große Wegschmeißen. [S.33]
[12] Cartsburg M./Noleppa S. Das große Wegschmeißen. [S.43]
    Alle weiteren quantitativen Daten sind dieser Quelle zu entnehmen, falls nicht anders gekennzeichnet.
[13] Gustavsson J./ Cederbberg C./ Sonesson U./ van Otterdijk R./ Meybeck A. Global food losses and food waste. [S.2 f.]

Obst und Gemüse von einer sehr hohen Dunkelziffer auszugehen. So werden die Verluste für Gemüse durch Abweichungen von regulatorischen Standards auf 30% der Primärproduktion eingestuft[14]. Da im Bereich der Vorernteverluste keine verlässlichen Forschungsergebnisse vorliegen, können nur schwer Aussagen über deren Vermeidbarkeit getroffen werden. Allerdings ist *per se* die Verwerfung von Nahrungsmitteln aufgrund ästhetischer Normabweichungen vermeidbar.

2.2 Lebensmittelverarbeitung

Auf die Ernte folgt der Transport der Güter zur jeweiligen Fabrik oder Verteilungsstelle. Alle während des Prozesses der Distribution entstehenden Nahrungsmittelverluste werden als sogenannte Nachernteverluste bezeichnet und belaufen sich auf 1,59 Mio. Tonnen (8,7%). Verursacht werden diese Verluste vorwiegend durch falsche Lagerung (Temperatur, Feuchtigkeit, etc.) bzw. unsachgemäße Handhabung vor und während des Transports[15]. Da in Deutschlands das infrastrukturelle Netzwerk sowie die technologischen Voraussetzungen für den Transport und die Lagerung von Lebensmitteln jedoch weitestgehend ausgereift sind, werden auch die Nacherntverluste als unvermeidbar eingestuft[16].

Anschließend werden die Agrarerzeugnisse der Verarbeitung zugeführt. Die während der Weiterverarbeitung sowohl im industriellen als auch im privaten Maßstab entstehenden Einbußen werden vorwiegend durch technologische Fehler, beispielsweise Beschädigungen oder Verschmutzungen, verursacht[17]. Auch sind ineffiziente Arbeitsweisen, wie sie beim Schälen von Gemüse vorkommen, denkbare Ursachen. Die aus diesen Gründen verschwendeten Nahrungsmittel belaufen sich auf 2,61 Mio. Tonnen (14,2%). Trotz ihres nicht unerheblichen Anteils sind diese Lebensmittelverluste weitestgehend unvermeidbar. Gerade in industriellen Betrieben besteht ein großes finanzielles Interesse an möglichst geringe Einbußen, was eine sehr hohe Effizienz im Verarbeitungsprozess zur Folge hat[18].

2.3 Groß- und Einzelhandel

Nach der industriellen Verarbeitung werden die Nahrungsmittel im Groß- und Einzelhandel vermarktet. Die auf Handelsebene verursachten Verluste lassen sich auf 2,58 Mio. Tonnen (14,0%) beziffern und liegen vorwiegend im Kaufverhalten der Konsumenten begründet[19]. Neben gesundheitlichen Aspekten, die durch Temperaturstörungen vorwiegend im Bereich der Fleischwaren, aber auch bei anderen verdorbenen Lebensmitteln zum Tragen kommen, sind hier meist vermarktungstechnische Entscheidungen relevant. Der Anspruch des Konsumenten an optisch makellose,

---

14 Cartsburg M./Noleppa S. Das große Wegschmeißen. [S.28]
15 Cartsburg M./Noleppa S. Das große Wegschmeißen. [S.29]
16 Cartsburg M./Noleppa S. Das große Wegschmeißen. [S.30]
17 Cartsburg M./Noleppa S. Das große Wegschmeißen. [S.31]
18 BVE. FAKT: ist 2 Lebensmittelverschwendung. [S.7]
19 Cartsburg M./Noleppa S. Das große Wegschmeißen. [S.34]

genormte Ware und die schwierige Kalkulierbarkeit seines Kaufverhaltens sind zentrale Gründe für die Verluste. Aber auch die bis zum Abend gefüllten Regale haben ihren Teil an der Verschwendung[20]. So müssen beispielsweise viele Bäcker, die ihre Waren in einer Supermarktkette anbieten, die Brotregale bis kurz vor Ladenschluss komplett gefüllt halten[21]. Überdies trägt das Aussortieren von Waren, deren Mindesthaltbarkeitsdatum in den folgenden Tagen überschritten wird, maßgeblich zu den Verlusten bei. Unschwer ist zu erkennen, dass diese Einbußen zu einem großen Teil vermeidbar wären. Der Anteil der im Groß- und Einzelhandel vermeidbaren Lebensmittelverluste liegt nach neuesten wissenschaftlichen Erkenntnissen bei ca. 90%[22].

2.4 Verbraucher

Die drei bisher durchlaufenen Schritte der Wertschöpfungskette verursachen demnach insgesamt 42,2% der gesamten Nahrungsmittelabfälle. Hieraus folgt, dass auf der Seite der Verbraucher über die Hälfte, genauer gesagt 57,8%, aller Abfälle entstehen. Dies entspricht der unvorstellbaren Menge von über zehn Millionen Tonnen Lebensmittel[23].

2.4.1 Großverbraucher

Großverbraucher haben hierbei 3,40 Mio. Tonnen (18,5%) an Lebensmittelabfällen zu verantworten und sind somit der kleinere Verursacher im Sektor der Konsumenten. Zu den Großverbrauchern gehören Krankenhäuser, Schulen, gastronomische Betriebe sowie diverse andere Institutionen. Auch hier sind als Ursachen meist die falsche Kalkulation der benötigten Vorräte und diverse hygienische Richtlinien zu nennen. Beispielsweise dürfen keine Speisereste wiederverwertet werden. Diese Speisereste wiederum resultieren aus zu ungenau angepassten Portionsgrößen und dem verschwenderischen Umgang der Verbraucher mit Nahrungsmitteln[24]. Auslöser ist demnach ein komplexes Ursachengeflecht, an dem der Konsument maßgeblich beteiligt ist.

2.4.2 Endverbraucher

Nicht anders ist es bei den Endverbrauchern. Hier liegt der Anteil bei 7,23 Mio. Tonnen (39,3%). Warum gerade in diesem Bereich ungefähr 40% aller Verluste entstehen, hat multikausale Ursachen. Zentraler Aspekt ist die fehlende Wertschätzung der Konsumenten gegenüber Nahrungsmitteln. Lebensmittel werden ohne schlechtes Gewissen weggeworfen (vgl. II.4.3.1) und können ohne Probleme im nächsten Supermarkt wieder nachgekauft werden. Das große und vielfältige Nahrungsangebot beeinflusst den Konsumenten in erheblichem Maß. Schnell geraten eingekaufte

---

[20] BVE. FAKT: ist 2 Lebensmittelverschwendung. [S.7]
[21] Thurn, V. Taste the Waste. [31:59:00 Min.]
[22] Cartsburg M./Noleppa S. Das große Wegschmeißen. [S.36]
[23] Cartsburg M./Noleppa S. Das große Wegschmeißen. [S.43]
[24] BVE. FAKT: ist 2 Lebensmittelverschwendung. [S.8]

Lebensmittel in Vergessenheit und werden durch andere ersetzt. Dies wiederum hat zur Konsequenz, dass der Verbraucher die Übersicht über seine Nahrungsmittelvorräte im Kühlschrank oder in der Speisekammer verliert. Geradezu prädestiniert dafür, vergessen zu werden, sind im Sonderangebot eingekaufte Waren. Diese verursachen gleich in zweierlei Hinsicht Lebensmittelverluste. Einerseits werden die Konsumenten dazu verführt, zu viele Nahrungsmittel zu kaufen, die nicht alle verbraucht werden können und folglich verfallen. Andererseits kommt es zum sogenannten Kannibalisierungseffekt. Ist ein bestimmtes Produkt einer Marke im Angebot, so wird dieses vermehrt gekauft, was aber wiederum zu einem Rückgang der Nachfrage von Produkten anderer Marken führt. Daher bleiben diese Produkte im Laden zurück und verfallen letztendlich auch. Ein weiterer bedeutender Faktor ist die Fehlinterpretation des Mindesthaltbarkeitsdatums bzw. dessen Verwechslung mit dem Verbrauchsdatum. Verluste bei der Zubereitung spielen nach bisherigem Wissensstand eine eher untergeordnete Rolle[25]. Hieraus ergibt sich, dass der größte Teil der auf Verbraucherseite entstehenden Nahrungsmittelabfälle vermieden werden könnte[26].

3. Auswirkungen der Lebensmittelverschwendung

Zwar wurde nun das quantitative Ausmaß der Nahrungsmittelverluste entlang der Wertschöpfungskette ermittelt; welche weitreichenden Folgen die Verschwendung aber tatsächlich nach sich zieht, bleibt indessen noch unklar. Um ihr gesamtes qualitatives Ausmaß betrachten zu können, muss man verstehen, dass ein Lebensmittel ein komplexes Gut ist. Es ist nicht allein ein Stück Käse, welches achtlos in den Mülleimer geworfen wird. Entlang der ganzen Wertschöpfungskette wurden Rohstoffe, Arbeitskraft und Anbauflächen für dieses spezielle Nahrungsmittel aufgewendet. All jene Ressourcen werden folglich mitverschwendet. Im konkreten Beispiel werden für die Produktion eines Kilogramms Käse allein 5.000 Liter Wasser aufgewendet. In einem Kilogramm Fleisch stecken sogar absurde 15.455 Liter Wasser. Dementsprechend sind die Auswirkungen auf das Klima immens[27].

3.1 Beeinflussung des Klimas

Grundlegendes Problem im Hinblick auf die ökologischen Auswirkungen ist die begrenzte Biokapazität der Erde. Sie beschreibt die Fähigkeit des Ökosystems, biologische Güter zur Verfügung zu stellen und die anfallenden Abfallprodukte wiederaufzunehmen. Da die Menschheit jedoch immer mehr Güter produziert, steigt auch die Menge der vor allem in Form von Treibhausgasen freigesetzten Abgase an. Das Ökosystem kann diesen enormen Ausstoß nicht mehr regulieren, was dazu führt, dass übermäßig viele Treibhausgase in die Atmosphäre gelangen. Diese speziellen Gase, zu denen u.a. Methan, Distickstoffmonoxid und Kohlenstoffdioxid gehören, lassen zwar

---

[25] Oliver Wyman. Schluss mit der Lebensmittelverschwendung. [S.9 ff.]
[26] Cartsburg M./Noleppa S. Das große Wegschmeißen. [S.40]
[27] Vereinigung Deutscher Gewässerschutz. Produktgalerie: Virtueller Wassergehalt ausgewählter Produkte.

das Eindringen der von der Sonne ausgesandten kurzwelligen Lichtstrahlen zu, absorbieren aber die im Gegenzug von der erwärmten Erdoberfläche stammenden langwelligen Strahlen. Durch Absorption und anschließende Emission (Reflexion), d.h. durch thermische Gegenstrahlung, gelangt letztendlich ein Großteil der Energie wieder auf die Erde, wodurch es zu einer starken Erwärmung kommt. Die so ausgelösten Umweltschäden sind massiv und noch nicht in vollem Umfang abschätzbar[28]. Wie aber trägt die Lebensmittelproduktion zu diesem Phänomen bei?

Die Produktion von Lebensmitteln verursacht auf vielfältige Weise den Ausstoß von Treib-hausgasen, sei es durch den Transport, die Verdauung der Tiere, den Reisanbau, durch Düngemittel, oder sei es durch die Abholzung von Waldflächen, um Agrarland zu gewinnen. Hierbei verursacht allein die Landwirtschaft in Deutschland ungefähr 16 bis 22% aller Treibhausgase – ebenso viel wie der gesamte Straßenverkehr[29]. Wenn es also gelänge, die vermeidbaren Lebensmittelverluste tatsächlich zu umgehen, könnte der Treibhauseffekt stark verringert werden. Hierbei entspricht das Einsparpotential pro Einwohner und Jahr 272 kg an CO_2-Äquivalenten. Insgesamt ist dies eine Menge von knapp 22 Mio. Tonnen[30]. Zum Vergleich: Die deutsche Abfallwirtschaft verursacht jährlich ungefähr 11 Mio. Tonnen an CO_2-Äquivalenten[31]. Damit könnte die Umwelt weitreichend geschont werden. Dies stellt einen großen Schritt auf dem Weg zur Erfüllung der Ziele des Pariser Klimaabkommens dar.

Hierbei wurde ein zentraler Aspekt hinsichtlich der CO_2-Emmissionen allerdings noch nicht berücksichtigt. Ein derartiger Rückgang des Nahrungsmittelbedarfs würde zu Einsparungen in Deutschlands Flächenfußabdruck führen. Dieser würde vor allem im Ausland realisiert. Insgesamt könnten rund 2,570 Mio. Hektar eingespart werden[32]. Bildlich ausgedrückt entspräche dies ungefähr der Fläche von ganz Mecklenburg-Vorpommern. Diese Flächeneinsparungen wiederum hätten zur Folge, dass im Boden vorhandenes CO_2 aufgrund fehlender Bearbeitung der Gebiete nicht freigesetzt würde. Hieraus ergäbe eine zusätzliche Reduktion von 470 Mio. Tonnen CO_2-Äquivalenten. Bei diesen Einsparungen ist jedoch zu beachten, dass sie einmalig wären. Würde die Durchsetzung, wie vom Deutschen Bundestag gefordert, im Zeitraum von 2012 bis 2030 verwirklicht, entspräche dies einer Ersparnis von 26,1 Mio. Tonnen jährlich. So könnten bis 2030 pro Einwohner 597 kg CO_2 eingespart werden (insgesamt 47,9 Mio. Tonnen) [33]. Letztlich ergäbe sich hieraus eine erhebliche Entlastung des Ökosystems.

---

[28] Umweltbundesamt. Klima und Treibhauseffekt. [S.1 ff.]
[29] Schulz, C. Nahrungsmittelproduktion und – verschwendung. [S.7]
[30] Cartsburg M./Noleppa S. Das große Wegschmeißen. [S.52]
[31] Umweltbundesamt. Treibhausgas-Emissionen in Deutschland.
[32] Cartsburg M./Noleppa S. Das große Wegschmeißen. [S.55]
[33] Cartsburg M./Noleppa S. Das große Wegschmeißen. [S.56]

3.2 Welthunger

Aber nicht nur die ökologischen Folgen sind immens. Die ökonomische und ethische Problematik, gerade in Bezug auf den Welthunger, erreicht ebenfalls ein gravierendes Ausmaß. „Auch wenn und der Spruch ‚Iss auf, die Kinder in Afrika müssen hungern' absurd erscheinen mag, hängen doch Hunger und Lebensmittelverschwendung eng miteinander zusammen." [34] Die Annahme, dass man durch eine Einstellung der Verschwendung von Nahrungsmitteln keinen positiven Effekt auf die Hungerkrisen in der Welt ausüben können ist nachweislich unzutreffend.

Der verschwenderische Konsum der westlichen Welt führt dazu, dass wir immer mehr Nahrungsmittel des Weltmarktes aufkaufen müssen, um unseren Bedarf zu decken. Da die Lebensmittelkette global ist, folgt entsprechend der wirtschaftlichen Theorie von Angebot und Nachfrage, dass durch eine Erhöhung der Nachfrage der Weltmarktpreis steigt. Da gleichzeitig keine adäquate Produktionssteigerung ausgeführt werden kann, bleiben die Preise für Nahrungsmittel hoch. Dies wiederum hat zur Folge, dass arme Länder, z.b. in Afrika, die Güter nicht mehr in ausreichendem Maß importieren können und Hungerkrisen entstehen[35]. Tanja Busse kommentiert diese Entwicklung mit den Worten: „Wir sitzen am globalen Mittagstisch und essen den Armen den Teller leer."[36]

Allerdings sind für eine Erhöhung des Weltmarktpreises außerdem diverse andere Ursachen, wie der steigende Nahrungsbedarf durch die stetig wachsende Weltbevölkerung, die Erzeugung von Biotreibstoff oder Spekulationen mit Nahrungsmitteln an der Börse von gravierender Bedeutung. Dennoch sollte allein aus ethischer Perspektive ein bewussterer Umgang mit Nahrungsmitteln und eine erhöhte Wertschätzung eben dieser erreicht werden.

4. Lösungsansätze zur Vermeidung von Lebensmittelverlusten

Die bisherigen Ausführungen hatten das Ausmaß der Lebensmittelverschwendung und vor allem ihre gravierenden Folgen zum Gegenstand. Im weiteren Verlauf sollen einige Lösungsansätze betrachtet und geprüft werden, wobei der Fokus auf dem Endverbraucher liegt. Da die Verluste in den Bereichen der Landwirtschaft und Lebensmittelverarbeitung weitestgehend unvermeidbar sind, werden diese im Folgenden nicht berücksichtigt.

4.1 Groß- und Einzelhandel

Im Hinblick auf die Großhändler ist ein zentraler Ansatz zur Verringerung der Lebensmittelverschwendung eine verbesserte Kollaboration zwischen Lieferanten und Einzelhändlern. Beispielsweise könnte durch die Freigabe der Prognosedaten des Einzelhandels an den Großhandel eine

---

[34] Die Verbraucherinitiative e.V., Lebensmittelmüll und Hunger. Zit.n. Hein, J. Hunger und Lebens- mittelverschwendung. [S.11]
[35] Hein J. Hunger und Lebensmittelverschwendung. [S.4, S.11]
[36] Kreuzberger S./ Thurn V. Die Essensvernichter. [S.172]

erhöhte Planungssicherheit für den letzteren geschaffen werden. Somit entstünden weniger Lebensmittelabfälle aufgrund von Fehlkalkulationen, und zudem könnte auch der Konsument von frischeren und länger haltbaren Waren profitieren[37].

Des Weiteren sollte von überdimensionierten Sonderangeboten, die zum Kauf großer Mengen eines Produktes verleiten, abgesehen werden, da diese ein bedeutender Faktor der Verschwendung sind (vgl. II.2.4.2.)[38].

An anderer Stelle können sich Sonderangebote jedoch positiv auswirken. Beispielsweise können Lebensmittel, deren Mindesthaltbarkeitsdatum bald überschritten wird, vergünstigt angeboten werden. Im Bereich der Backwaren ist hierbei das Konzept der Vortagsbäckereien vielversprechend. In diesen speziellen Läden haben die Verbraucher die Möglichkeit, Backwaren vom Vortag, welche normalerweise weggeworfen würden, deutlich vergünstigt einzukaufen[39].

Ein weiterer Aspekt in Bezug auf abgelaufene Ware stellen intelligente Mindesthaltbarkeitsdaten dar. Hierbei könnte durch Zeit-Temperatur-Indikatoren, welche u.a. das Einhalten der Kühlkette überwachen, oder durch sogenannte Frische-Indikatoren der Zustand der Lebensmittel präziser als bisher festgestellt werden. Letztere zeigen Schadstoffe an, die beim Zerfall von Lebensmitteln entstehen (z.B. Ammoniak oder Schwefeldioxid). Eine so erreichte Präzisierung des Mindesthaltbarkeitsdatums hätte ebenfalls positive Auswirkungen auf den Lebensmittelabfall, da die Nahrungsmittel erst nach ihrem tatsächlichen Verfall entsorgt würden[40].

Darüber hinaus können Fehlkäufe von Konsumenten durch das Bereitstellen loser statt verpackter Ware verhindert werden. Dies ermöglicht den Verbrauchern eine bessere Planung ihrer Einkäufe, und dem Kauf von überflüssiger Ware wird entgegengewirkt. Zudem könnte auf diese Weise der Verpackungsmüll reduziert werden[41].

Aber auch nach Ladenschluss kann unverkaufte Ware noch verwertet werden. Die Umverteilung an Bedürftige, die beispielsweise durch Organisationen wie den Bund Deutscher Tafeln e.V. vorgenommen wird, führt nicht nur zu einer Reduzierung des Abfalls, sondern auch zu Einsparungen bei der Entsorgung des Bio-Mülls. Selbstverständlich erhöht soziales Engagement zudem das Image der jeweiligen Märkte[42].

4.2 Großverbraucher

Wie bereits erwähnt (vgl. II.2.4.2), fallen in den deutschen Großküchen und Kantinen jeden Tag beträchtliche Mengen an Lebensmittelverlusten an, was vor allem auf zu große Portionen zurückzuführen ist. Zentrales Anliegen muss daher sein, die Portionen bei der Essenausgabe auf ein

---

[37] Oliver Wyman. Schluss mit der Lebensmittelverschwendung. [S.9 ff.]
[38] Oliver Wyman. Schluss mit der Lebensmittelverschwendung. [S.9 ff.]
[39] Schulz C. Nahrungsmittelproduktion und – verschwendung. [S.19]
[40] Lobitz R. (BZfE). Intelligente Verpackungen. [S.1 ff.]
[41] Kranert M. u.a. Ermittlung der weggeworfenen Lebensmittelmenge und Vorschläge zur Verminderung der Wegwerfrate bei Lebensmitteln in Deutschland. [S. 286]
[42] Hein J. Hunger und Lebensmittelverschwendung [S.10]

ausbalanciertes Maß zu reduzieren bzw. auf den jeweiligen Kunden einzeln einzugehen. Hierfür ist es wichtig, die Mitarbeiter, beispielsweise durch Workshops, für das Thema der Lebensmittelverschwendung zu sensibilisieren, um so einen bewussteren Umgang mit Nahrungsmitteln zu erreichen. Eine derartige Bewusstseinsschärfung lässt sich bereits durch die reine Feststellung des quantitativen Ausmaßes der Verschwendung in einem Betrieb erzielen. Dementsprechend ist es sinnvoll, die Abfallmengen in den verschiedenen Produktionsstätten zu analysieren und die Ergebnisse regelmäßig als eine Art Rückmeldung an die Mitarbeiter weiterzugeben, was u.a. durch das in Bayern bereits angelaufene System der Feedback-Waagen gewährleistet werden kann[43].

4.3 Endverbraucher

Das grundlegende Problem auf der Ebene der Endverbraucher stellt der starke Wertschätzungsverlust gegenüber Lebensmitteln dar. Um dieser Aussage auf den Grund zu gehen, wurde eine stichprobenartige Umfrage von je 100 Schülerinnen und Schülern der neunten und zehnten Klassen des Hans-Sachs-Gymnasiums angefertigt. Im Folgenden sollen markante Ergebnisse dieser Umfrage zur Problematik der Wertschätzung von Lebensmittel in der Bevölkerung dargelegt werden. Des Weiteren werden Gründe der Lebensmittelverschwendung und hieraus resultierendes Vermeidungspotential erörtert. Allerdings ist diese Umfrage nicht als uneingeschränkt repräsentativ anzusehen, da ihr weder eine hinreichende Anzahl an Befragten, noch ein Querschnitt durch die Gesamtbevölkerung zugrunde liegt.

4.3.1 Was ist dir dein Essen wert? – eine Umfrage in den 9./10. Klassen

Grundsätzlich lässt sich durch die Auswertung der Umfrage die These bestätigen, dass Lebensmittel einen Wertverlust erleiden. So gaben lediglich 50% der Befragten an, ein schlechtes Gewissen beim Wegwerfen von Nahrungsmitteln zu empfinden. Dieser Wert lag in einer ähnlichen Umfrage aus dem Jahr 2011 in einer vergleichbaren Altersgruppe noch bei 56%[44]. Auffälligerweise zeichnete sich hierbei eine Abnahme des ermittelten Wertes ab, je jünger die Probandinnen und Probanden waren. Dieses Ergebnis eröffnet einen beunruhigenden Blick in die Zukunft und führt daher erneut die Relevanz entsprechender Aufklärungskampagnen vor Augen. Untermauert wird der genannte Befund noch durch die Tatsache, dass nur 19% der Befragten die Wassermenge, welche zur Produktion eines Kilogramms Käse aufgewendet werden muss, richtig eingeschätzt haben. Hieraus wird deutlich, dass den Umfrageteilnehmern der tatsächliche Wert (resultierend aus Rohstoffaufwand, Arbeitskraft etc.) der verschwendeten Lebensmittel und somit auch die weitreichenden Auswirkungen der Verschwendung nicht bewusst waren. Zudem gaben lediglich 30% der Befragten an, täglich oder mehrmals pro Woche Lebensmittel wegzuwerfen. Vergleicht

---

[43] KErn. Lebensmittelverluste und Wegwerfrate im Freistaat Bayern. [S.17]
[44] BMEL. Der Wert von Lebensmitteln. [S.3]

man dies mit der realen Verschwendung, wird eine große Fehleinschätzung der von den Konsumenten verursachten Verluste deutlich[45], wenngleich die Gesamtverschwendung Deutschlands zu 71% richtig eingeordnet wurde. Dies lässt den Schluss zu, dass die bisherigen Kampagnen zwar bereits erste Erfolge erzielten haben (vgl. Abb.11), aber nach wie vor großer Aufklärungsbedarf besteht (vgl. z.B. Abb.3). Des Weiteren bestätigten sich die unter II.2.4 erörterten Ursachen der Lebensmittelverschwendung, woraus entsprechende Handlungsmöglichkeiten abgeleitet werden können. So gehen 96% der Probandinnen und Probanden regelmäßig in Supermärkten einkaufen. Diese sind jedoch aufgrund ihrer profitorientierten Verkaufspraxis einer der größten Verursacher der Verschwendung auf der Ebene des Handels, wobei ihre Verluste überwiegend vermeidbar sind. Ein Umstieg auf lokale Anbieter und ein verändertes Konsumverhalten sind daher angebracht. Auch wurde ersichtlich, dass viele Güter aufgrund von Schimmel und anderen lebensmittelhygienisch bedenklichen Beeinträchtigungen oder aber aufgrund eines überschrittenen Mindesthaltbarkeitsdatums entsorgt werden. Hieraus leitet sich ebenfalls ein entsprechend hohes Vermeidungspotential ab, welches im Folgenden abgehandelt werden soll.

4.3.2 Handlungsmöglichkeiten des Einzelnen

Jeder Konsument kann durch die Beachtung einfacher Grundregeln mit nur wenig Zeitaufwand selbst dazu beitragen, die Lebensmittelverschwendung zu reduzieren. Hierbei gibt es zudem einen finanziellen Anreiz für den Verbraucher, Nahrungsmittelabfälle zu vermeiden, denn die Kosten für die jährlich entsorgten Nahrungsmittel belaufen sich auf ungefähr 200-260 € pro Person[46]. Um dieses beträchtliche Einsparpotential auszuschöpfen, sollten die Konsumenten bereits vor Beginn ihres Einkaufs richtig planen. Dafür ist es sinnvoll, sich zunächst durch einen Blick in den Kühlschrank oder die Speisekammer einen Überblick über die bereits vorhandenen Vorräte zu verschaffen. Auf dieser Grundlage kann ein vollständiger und sinnvoller Einkaufszettel erstellt werden, ohne dass die Gefahr besteht, Nahrungsmittel, die bereits vorhanden sind, doppelt zu kaufen. Des Weiteren hilft eine solche Gedächtnisstütze bei einem schnellen Einkauf und hält davon ab, zu Sonderangeboten zu greifen. Denn diese mögen zwar besonders günstig sein, wenn sie aber aufgrund des zu großen Quantums weggeworfen werden, ist es ökonomischer, nur die erforderliche Menge einzukaufen. Ferner ist es sinnvoll, den Supermarkt nicht mit leerem Magen oder in Eile zu betreten, da andernfalls nur unnötig viele Waren durch Spontankäufe oder aufgrund falscher Einschätzung erstanden werden. Nicht zuletzt sollte darauf geachtet werden, in regelmäßigen, kurzen Abständen einkaufen zu gehen, weil Großeinkäufe meist mehr Verschwendungspotential aufweisen. So verfallen auf Vorrat gekauftes Obst und Gemüse oft schon nach wenigen

---

[45] Dies findet u.a. im Beitrag „Taste the Waste" (15:53:00 Min.) Bestätigung.
[46] Kranert M. u.a. Ermittlung der Mengen weggeworfener Lebensmittel und Hauptursachen für die Entstehung von Lebens mittelabfällen in Deutschland: Kurzfassung. [S.18]

Tagen[47]. Die Relevanz dieses Aspekts wird durch die Umfrageergebnisse bestätigt. Hier gaben 52% der Befragten an, lediglich wenige male pro Monat Einkäufe zu tätigen.

An den erfolgreichen Einkauf schließt sich die adäquate Lagerung der Produkte an. Grundsätzlich sollte nach folgendem System vorgegangen werden: Bereits ältere Waren werden im Kühlschrank oder Regal möglichst weit vorne platziert, wohingegen die frischen Produkte in den hinteren Bereichen aufbewahrt werden. So kann das Vergessen von Nahrungsmitteln in der hinteren Kühlschrankecke vermieden werden. *In puncto* Lagerung ist zudem auf die individuellen Anforderungen verschiedener Produkte zu achten, damit die optimale Haltbarkeit der Nahrungsmittel gewährleistet ist. Um diese spezifischen Lagerungsbedingungen einzelner Güter jederzeit zu erfahren, sollten zum einen die auf der Packung aufgelisteten Informationen beachtet werden. Zum anderen ist es ratsam, ein Nachschlagewerk, wie beispielsweise die „Beste Reste"-App des Bundesministeriums für Ernährung und Landwirtschaft, parat zu haben. Letztere ist auch aus diversen anderen Gründen empfehlenswert. Neben allgemeinen Tipps zur Vermeidung von Lebensmittelverlusten enthält sie weit über 400 Reste-Rezepte. Dabei kann unter Angabe der noch zu verwertenden Lebensmittel nach Kochrezepten gesucht werden[48].

Ferner sollten sich die Konsumenten den Unterschied zwischen Verbrauchs- und Mindesthaltbarkeitsdatum bewusst machen. Letzteres beschreibt das Datum, bis zu dem ein Lebensmittel – bei richtiger Lagerung – seine spezifischen Eigenschaften (z.B. Farbe, Geschmack, Konsistenz und Geruch) beibehält. Wie das jeweilige Produkt gekühlt werden muss, kann beispielsweise der Verpackung entnommen werden. Ist das Mindesthaltbarkeitsdatum abgelaufen, bedeutet dies jedoch nicht zwangsläufig, dass das betreffende Lebensmittel ungenießbar ist, da in die Berechnung dieses Datums immer auch mehrere Tage als Puffer einbezogen sind. Durch genaue Inaugenscheinnahme sowie einen Geruchs- und Geschmackstest kann das Produkt auf seinen Frischegrad geprüft und meist bedenkenlos noch verzehrt werden. Im Gegensatz dazu werden Nahrungsmittel, die aus lebensmittelhygienischer Sicht leicht verderblich sind, wie z.B. Fleischprodukte, mit dem Verbrauchsdatum gekennzeichnet. Nach dessen Ablauf sollte ein solches Lebensmittel keinesfalls mehr konsumiert werden, da andernfalls gesundheitliche Schädigungen drohen[49]. Hieraus geht hervor, dass jeder einzelne Konsument viel zur Reduzierung der Lebensmittelverschwendung beitragen kann. Damit diese Schritte jedoch auch von der großen Masse der Bevölkerung umgesetzt werden, muss die Wertschätzung der Verbraucher gegenüber Nahrungsmitteln erhöht werden; dies wiederum ist Aufgabe der Politik.

[47] BMEL. Was kannst du dagegen tun?
[48] BMEL. Was kannst du dagegen tun?
[49] BMEL. Mindesthaltbarkeits- und Verbrauchsdatum.
[S.1]

4.4 Politik

Gerade aufgrund der öffentlichen Diskussionen rund um das Thema der Lebensmittelverschwendung ist diese Thematik auch in den Fokus politischer Debatten gerückt. Laut der Agenda 2030 zur Reduzierung vermeidbarer Lebensmittelabfälle hat sich Deutschland im internationalen Staatenbund dazu verpflichtet, bis 2030 eine Halbierung der gesamten Lebensmittelverluste zu erreichen[50].

Zur Verwirklichung dieses Ziels muss der Wertverlust der Nahrungsmittel in der Bevölkerung minimiert werden. Um das Bewusstsein der Konsumenten gegenüber Lebensmitteln zu schärfen, sind Kampagnen in verschiedenen Medien, gerade auch im Internet, zwingend erforderlich. Allein dieser Schritt würde zu einem bewussteren Umgang mit Nahrungsmitteln führen, was wiederum eine Reduzierung der Verschwendung zu Folge hätte. Zwar existiert bereits die Verbraucherkampagne „Zu gut für die Tonne", die aber teilweise mit einem negativen Etikett versehen ist – „unzureichend vorbereitet und Erfolg nicht nachweisbar"[51]. Als weitere erfolgversprechende Maßnahme sollte das Thema der Lebensmittelverschwendung in den Lehrplan der Schulen sowie in das Ausbildungsprogramm gastronomischer Berufe aufgenommen werden, statt lediglich auf freiwillige Informationsangebote zu dieser Problematik zu setzen.

Noch in der laufenden Legislaturperiode plant die Bundesregierung die Erarbeitung eines Handlungs- und Forschungskataloges, um auf dessen Basis konkrete Lösungsansätze zur Erfüllung der Agenda 2030 zu entwickeln. Dieses Konzept basiert indessen auf der Zusammenarbeit aller Akteure der Wertschöpfungskette und ist nach dem Ausgang der Bundestagswahl von der Koalitionsbildung abhängig.

4.5 Beispiele zur alternativen Verarbeitung von Lebensmitteln

Ungeachtet aller bereits beschriebenen Lösungsvorschläge wird es nie möglich sein, Lebensmittelverluste gänzlich zu vermeiden. Aus diesem Grund sind alternative Verwertungsmöglichkeiten für derartige Abfälle dringend geboten. Da ein so komplexes Thema im Rahmen einer Seminararbeit nicht erschöpfend abgehandelt werden kann, sollen in Folgenden lediglich zwei aussagefähige Beispiele angeführt werden.

Eine der verbreitetsten Möglichkeiten, Lebensmittelreste zu verwerten, sind Biogasanlagen, seit das Verfüttern an Masttiere 2006 verboten wurde. Alle hier angelieferten Lebensmittelabfälle werden sachgemäß von ihren Verpackungen getrennt und in großen Becken, den sogenannten Fermentern, gesammelt. Durch zugesetzte Mikroorganismen durchläuft die Biomasse nun einen an-

---

[50] Deutscher Bundestag. Drucksache 18/12631. [S.2]
[51] Deutscher Bundestag. Drucksache 18/12631. [S.2]

aeroben Gärvorgang, bei welchem das aus Methan und Kohlenstoffdioxid zusammengesetzte Biogas entsteht. Hieraus wird im weiteren Verlauf durch Verbrennung unter Sauerstoffzufuhr elektrische Energie erzeugt bzw. die so entstandene Wärme anderweitig genutzt[52]. Ferner kann auch altes Brot als Energielieferant dienen, da es einen ähnlich hohen Heizwert wie Holz aufweist. Zwar mag es im ersten Moment befremdlich klingen, Brot zu verbrennen, aber durch ein derartiges Verfahren könnte allein in Deutschland die Energieproduktion eines ganzen Atomkraftwerks eingespart werden. Hierbei ist jedoch zu bedenken, dass altes Brot erst den Tafeln und nachgeordnet auch der Tierfutterproduktion zugeführt werden soll. Dies ist allerdings nur möglich, wenn es sich um unverkaufte Ware handelt. Der übriggebliebene, sonst vernichtete Anteil kann folglich ohne moralische Bedenken der Energiegewinnung durch Recycling zugeführt werden[14].

5. Selbstreflexion

Um abschließend zu prüfen, inwiefern die behandelten Lösungsvorschläge auch praktisch umsetzbar sind, wurde ein Selbstversuch durchgeführt. Hierbei wurden die weggeworfenen Lebensmittel in unserem Dreipersonenhaushalt über einen Zeitraum von zwei Wochen katalogisiert, die unter II.4.3.2 behandelten Lösungsvorschläge angewandt und eine erneute Messung bei gleichen Versuchsbedingungen (Wochenstruktur) durchgeführt.

5.1 Bestandsaufnahme: Wie viel verschwendet unser Haushalt?

Insgesamt ließ sich eine Menge von 6,3 Kilogramm an entsorgten Lebensmitteln feststellen. Umgerechnet auf eine Person, entspräche dies einem Wert von 54,6 Kilogramm pro Jahr, welcher deutlich unter dem vom WWF ermittelten Wert von 90 Kilogramm[53] anzusiedeln ist. Hierbei lag der Anteil der vermeidbaren Lebensmittelverluste bei 80%. Besonders betroffen waren Obst und Gemüse; diese machten 56% des Abfalls aus, wobei als Hauptursache für das Wegwerfen von Lebensmitteln Fehlkalkulationen beim Kochen (Portionsgrößen) zu nennen sind. Auf der Basis dieser Ergebnisse wurde folglich versucht, möglichst viele Lebensmittelverluste einzusparen.

5.2 Einsparpotential

Durch Anwendung der unter II.4.3.2 beschriebenen Lösungsansätze, mit speziellem Fokus auf den Portionsgrößen von frisch gekochten Nahrungsmitteln, konnte eine Ersparnis von 33,7% erzielt werden. Dies entspricht einem verbleibenden Verlust an Nahrungsmitteln von 36,2 Kilogramm pro Person und Jahr.

---

[52] BINE. Biogas: Erneuerbare Energien aus der Landwirtschaft.
[53] Cartsburg M./Noleppa S. Das große Wegschmeißen. [S.44]

Hiermit bestätigt sich einmal mehr, dass jeder Konsument durch das Befolgen einfacher Grund-regeln die Lebensmittelverschwendung maßgeblich und ohne große Mühe reduzieren kann. Ein bewussteres Einkaufen hat langfristig gesehen auch zentrale Auswirkungen auf die in den vorher-gehenden Abschnitten betrachteten anderen Glieder der Wertschöpfungskette und führt auch dort zu einer Verringerung der Verschwendung.

III) PERSÖNLICHE STELLUNGNAHME

Die Recherchen für die vorliegende Seminararbeit ergaben, dass das Thema der Lebensmittelver-schwendung in den letzten Jahren berechtigterweise in den Fokus der öffentlichen Diskussion getreten ist. Weltweit wie auch speziell in Deutschland fallen jährlich immense Lebensmittelver-luste an, die meist 30-40% der Gesamtwertschöpfung betragen. Ungeachtet einiger bereits unter-nommener Versuche zur Eindämmung der Verschwendung zeigt sich weiterhin ein sehr hoher Handlungsbedarf. Bereits existierende vielversprechende Maßnahmen, wie beispielsweise die ak-tuelle Verbraucherkampagne „Zu gut für die Tonne" oder auch der punktuelle Einsatz von „Feed-back-Waagen" in Bayern, weisen hinsichtlich ihrer Effizienz noch Entwicklungspotential auf. Problematisch ist zudem, dass fundierte Datengrundlagen zum quantitativen Ausmaß der Lebens-mittelverschwendung bislang noch ausstehen. Deren Ermittlung stellt daher ein ausgesprochenes Desiderat der weiteren wissenschaftlichen Forschung dar.

Ferner wurde deutlich, dass die Problematik der Lebensmittelverschwendung tiefgreifende Kon-sequenzen für das Ökosystem in sich birgt, indem das hieraus resultierende, eigentlich vermeidbare Übermaß des Ausstoßes von CO_2-Äquivalenten den Treibhauseffekt wesentlich verstärkt.

Darüber hinaus sind die weitreichenden Auswirkungen auf den Welthunger hervorzuheben, die sich aus folgender Kausalkette ergeben: Eine gesteigerte Lebensmittelnachfrage aufgrund der Ver-schwendung zieht unweigerlich eine Erhöhung des Weltmarktpreises nach sich, die wiederum zentraler Auslöser für Hungerkrisen vor allem in Dritte-Welt-Ländern ist.

Die Notwendigkeit geeigneter Maßnahmen, um dem Wertschätzungsverlust der Nahrungsmittel im Bewusstsein der Verbraucher entgegenzuwirken, wurde nicht zuletzt durch die im Rahmen dieser Seminararbeit durchgeführte Umfrage bestätigt. Sinnvolle Lösungsansätze sind vor allem eine stringentere Aufklärung der Konsumenten über die Komplexität der Wertschöpfungskette, eine verbesserte Kollaboration zwischen Groß- und Einzelhändlern sowie die Einführung intelli-genter Mindesthaltbarkeitsdaten.

Umso wichtiger ist es also, dass nicht nur die Bevölkerung, sondern auch die Politiker die Initiative ergreifen und ungeachtet der weltpolitisch gesehen sehr angespannten Lage diese wichtige The-matik nicht aus den Augen verlieren. Es tut not, dass alle gemeinsam gegen die Ursachen der Lebensmittelverschwendung vorgehen.

1. Literaturverzeichnis

1.1 Printmedien

Hein, J. (2013): Hunger und Lebensmittelverschwendung. Eine Analyse zu „Taste the Waste". Norderstedt: GRIN Verlag.

Löhn, V. Ernährungsweise und Lebensmittelabfälle in Familienhaushalten: Eine qualitative Studie. In: Ernährung im Fokus (2016), 03-04: Jahrgang 16., S.74-78.

Kreutzberger, S. und Thurn, V. [2](2015): Die Essensvernichter: warum die Hälfte aller Lebensmittel im Müll landet und wer dafür verantwortlich ist. Mannheim: Kiepenheuer & Witsch.

Schulz, C. (2013): Nahrungsmittelproduktion und – verschwendung. Hamburg: Agrar Koordination.

Stuart, T. (2009): Für die Tonne: Wie wir unsere Lebensmittelverschwenden. Mannheim: Artemis & Winkler Verlag.

Wöllauer, P. (2012): Kein Essen in den Müll: Kampf der Lebensmittelverschwendung. Norderstedt: Books on Demand.

1.2 Filme

Thurn, V. (2012). Taste the Waste. Köln: Lighthouse Home Entertainment.

Thurn, V. (2012). Taste the Waste (Trailer). Köln: Lighthouse Home Entertainment. Unter: https://www.moviepilot.de/movies/taste-the-waste/trailer/37513

1.3 Webquellen

BINE. Biogas: Erneuerbare Energien aus der Landwirtschaft. Unter: http://www.bine.info/publikationen/basisenergie/publikation/biogas-aus-der-landwirtschaft/

Bundesamt für Verbraucherschutz und Lebensmittelsicherheit (BVL). (2006). Hintergrundinformation: Neu verpackt und umdatiert – Verbrauchertäuschung oder legale Praxis? Unter: https://www.bvl.bund.de/DE/08_PresseInfothek/01_FuerJournalisten/01_Presse_und_Hintergrundinformationen/07_DasBundesamt/2006/2006_09_01_hi_neu_verpackt_umdatiert.html

Bundesamt für Verbraucher und Lebensmittelschutz (BVL). (2016). Sichere Lebensmittel: Wer macht eigentlich was? Unter: https://www.bvl.bund.de/SharedDocs/Downloads/08_PresseInfothek/Flyer/Flyer_Kontrolle_Lebensmittel.pdf?_blob=publicationFile&v=4

Bundesministerium für Ernährung und Landwirtschaft (BMEL). (2011). Der Wert von Lebensmitteln – Umfrage im Auftrag des BMELV. Unter: http://www.bmel.de/SharedDocs/Downloads/Presse/ForsaUmfrageWertVonLM.pdf?_blob=publicationFile

Bundesministerium für Ernährung und Landwirtschaft (BMEL). (2017). Initiative: Zu gut für die Tonne! https://www.zugutfuerdietonne.de

Bundesministerium für Ernährung und Landwirtschaft (BMEL). (2015). Mindesthaltbarkeits- und Verbrauchsdatum. Unter: http://www.bmel.de/DE/Ernaehrung/ZuGutFuerDieTonne/_Texte/Mindesthaltbarkeit_kein_Verfallsdatum.html

Bundesministerium für Ernährung und Landwirtschaft (BMEL). (2017). Was kannst du dagegen tun? Unter: https://www.zugutfuerdietonne.de/was-kannst-du-dagegen-tun/

Die Bundesregierung (2016). Lebensmittel nicht verschwenden! Unter: https://www.bundesregierung.de/Content/DE/Infodienst/2016/04/2016-04-20-lebensmittelverschwendung/2016-04-20-lebensmittelverschwendung.html

Bundesvereinigung der Deutschen Ernährungsindustrie e.v. (BVE). (2015). FAKT: ist 2 Lebensmittelverschwendung. Unter: https://www.bve-online.de/presse/infothek/publikationen-jahresbericht/fakt-ist-lebensmittelverschendung-infothek

Cartsburg M. und Noleppa S. (WWF Deutschland). (2015). Das große Wegschmeißen – Vom Acker bis zum Verbraucher: Ausmaß und Umwelteffekte der Lebensmittelverschwendung in Deutschland. WWF Deutschland. Unter: https://www.wwf.de/fileadmin/fm-wwf/Publikationen-PDF/WWF_Studie_Das_grosse_Wegschmeissen.pdf

Deutscher Bundestag (2017). Drucksache 18/12631. Unter: http://dip21.bundestag.de/dip21/btd/18/126/1812631.pdf

European Commission (2011). MEMO/11/598. Unter: http://europa.eu/rapid/press-release_MEMO-11-598_de.htm

Gustavsson J./ Cederbberg C./ Sonesson U./ van Otterdijk R./ Meybeck A. (2011). Global food losses and food waste. Rom. Unter: http://www.fao.org/fileadmin/user_upload/suistainability/pdf/Global_Food_Losses_and_Food_Waste.pdf

The Hight Level Panel of Experts (HLPE). (2014). Food losses and waste in the context of sustainable food systems. A report by the High Level Panel of Experts on Food Security and Nutrition of the Committee on World Food Security. Rom. Unter: http://www.fao.org/3/a-i3901e.pdf

Kompetenzzentrum für Ernährung an der Bayrischen Landesanstalt für Landwirtschaft (KErn). (2014). Lebensmittelverluste und Wegwerfrate im Freistaat Bayern. Unter: https://www.kern.bayern.de/mam/cms03/wissenstransfer/dateien/lebensmittelverluste-bayern-2014.pdf

Kranert M. u.a. (2012). Ermittlung der weggeworfenen Lebensmittelmenge und Vorschläge zur Verminderung der Wegwerfrate bei Lebensmitteln in Deutschland. Unter: http://www.bmel.de/SharedDocs/Downloads/Ernaehrung/WvL/Studie_Lebensmittelabfaelle_Langfassung.pdf?_blob=publicationFile

Kranert M. u.a. (2012). Ermittlung der Mengen weggeworfener Lebensmittel und Hauptursachen für die Entstehung von Lebensmittelabfällen in Deutschland: Kurzfassung. Unter: https://www.bmel.de/SharedDocs/Downloads/Ernaehrung/WvL/Studie_Lebensmittelabfaelle_Faktenblatt.pdf?_blob=publicationFile

Lobitz R. (BZfE). (2017) Intelligente Verpackungen: Moderne Verpackungen „denken" mit. Unter: https://www.bzfe.de/inhalt/intelligente-verpackungen-machen-frische-sichtbar-1872.html

Menn C., Klein Bonn, Klein Britta (2017). Lebensmittelverschwendung: Lebensmittelabfälle im Haushalt vermeiden. Unter: https://www.bzfe.de/lebensmittelverschwendung-1868.html

Müller U. (2017). Kampf gegen Lebensmittelverschwendung muss auf drei Säulen stehen. Unter: http://www.focus.de/politik/experten/gastbeitrag-kampf-gegen-lebensmittelverschwendung-muss-auf-drei-saeulen-stehen_id_6689674.html

Oliver Wyman (2014). Schluss mit der Lebensmittelverschwendung: Was der Einzelhandel dazu beitragen kann. Unter: http://www.oliverwyman.de/content/dam/oliver-wyman/global/en/2014/oct/201410_POV_Reducing_food_waste_DE.pdf

Öko-fair. Landwirtschaft. Unter: http://www.oeko-fair.de/verantwortlich-handeln/lebensmittelverschwendung/warum-lebensmittel-weggeworfen-werden/landwirtschaft2 [letzter Aufruf: 20.09.2017]

Schmidt C. (Interview). (2016). „Zukunft gehört der intelligenten Verpackung". Unter: https://www.bundesregierung.de/Content/DE/Interview/2016/03/2016-03-26-schmidt-morgenpost.html

Schmidt C. (Interview: Brink N.). (2015). Plädoyer gegen Lebensmittelverschwendung. Unter: http://www.bmel.de/SharedDocs/Interviews/2014/2014-05-30-SC-Deuschlandradio.html

Schmidt C. (Interview: Emmrich J., Gaugele J., Kranz B.) (2016) http://www.bmel.de/SharedDocs/Interviews/2016/2016-03-26-SC-FUNKEMediengruppe.html

Umweltbundesamt (2014). Klima und Treibhauseffekt. Unter: http://www.umweltbundesamt.de/themen/klima-energie/klimawandel/klima-treibhauseffekt#textpart-1

Umweltbundesamt (2017). Treibhausgas-Emissionen in Deutschland. Unter: http://www.umweltbundesamt.de/sites/default/files/medien/384/bilder/dateien/8_tab_thg-emi-kat_2017-03-17_0.pdf

The World Bank (2017). Bevölkerung. Unter: https://www.google.de/publicdata/explore?ds=d5bncppjof8f9_&met_y=sp_pop_totl&idim=country:DEU:FRA:GBR&hl=de&dl=de

Vereinigung Deutscher Gewässerschutz. Produktgalerie: Virtueller Wassergehalt ausgewählter Produkte (weltweite Mittelwerte). Unter: http://virtuelles-wasser.de/produktgalerie.html [letzter Aufruf: 01.09.2017]

World Food Program (WFP). (2017). Hunger weltweit – Zahlen und Fakten. Unter: http://de.wfp.org/hunger/hunger-statistik

2. Abbildungsverzeichnis

2.1 Abbildungen

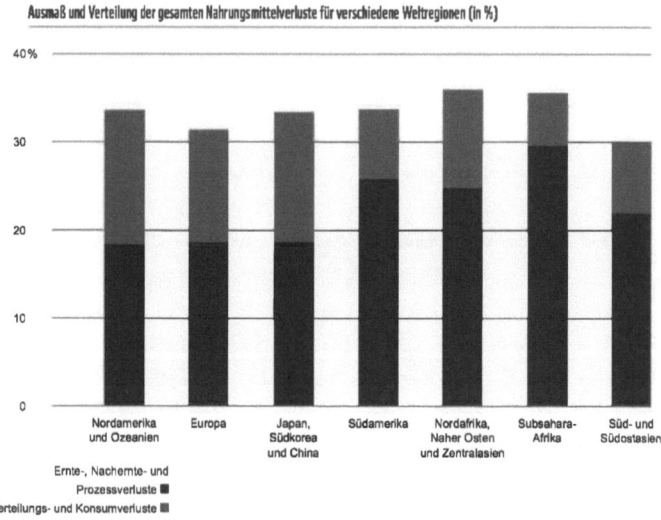

Abbildung 1:

Ausmaß und Verteilung der gesamten Nahrungsmittelverluste für verschiedene Weltregionen (in %).

Quelle: Cartsburg M. und Noleppa S. Das große Wegschmeißen. [S.23]

2.2 Was ist dir dein Essen wert? – eine Umfrage in den 9./10. Klassen

2.2.1 Der Umfragebogen

Umfrage zur Lebensmittelverschwendung in Deutschland

1.) Werden in deinem Haushalt Lebensmittel weggeworfen?

a) täglich   b) mehrmals pro Woche   c) einmal pro Woche
d) einmal im Monat   e) fast nie

2.) Wo kauft ihr eure Lebensmittel ein?

	oft	manchmal	nie
In Supermärkten			
Auf dem Wochenmarkt			
Im Bioladen			
Vom Bauernhof			

3.) Wie oft kauft dein Haushalt Lebensmittel ein?

a) jeden Tag   b) jeden zweiten Tag   c) einmal pro Woche
d) wenige Male pro Monat

4.) Wie oft wird bei dir zu Hause frisch gekocht?

a) Jeden Tag   b) mehrmals pro Woche   c) mehrmals pro Monat
d) fast nie

5.) Aus welche Gründen werden bei dir zu Hause Lebensmittel weggeworfen?

a) verdorben   b) Mindesthaltbarkeitsdatum überschritten
c) weil sie nicht schmecken

6.) Wie viele Lebensmittel werden in deinem Haushalt weggeworfen? (geschätzter Wert pro Monat)

a) unter 1 5€   b) zwischen 15 und 35 €   c) über 35 €

7.) Hast du ein schlechtes Gewissen, wenn du Lebensmittel wegwirfst?

a) Ja   b) Nein

SCHÄTZFRAGEN:

8.) Wie viele Lebensmittel werden in Deutschland pro Jahr weggeworfen?

a) 5 Mio. Tonnen   b) 12 Mio. Tonnen   c) 18 Mio. Tonnen
d) 21 Mio. Tonnen

9.) Wie viel Wasser wird für die Produktion eines Kilogramms Käse benötigt?

a) 300 l   b) 700 l   c) 3000 l   d) 5000 l

Constantin Pilz Q12
W-Seminar: Umweltschutz

Abbildung 2:

Umfragebogen: Was ist dir dein Essen wert? – eine Umfrage in den 9./10. Klassen.

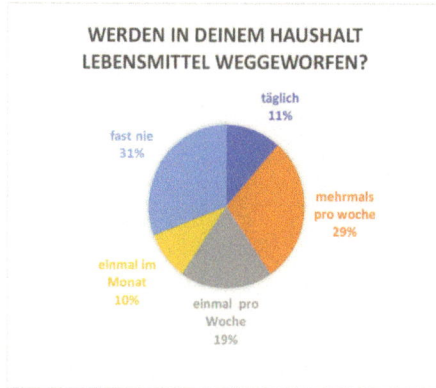

Abbildung 3:

Frage 1.) Werden in deinem Haushalt Lebensmittel weggeworfen?

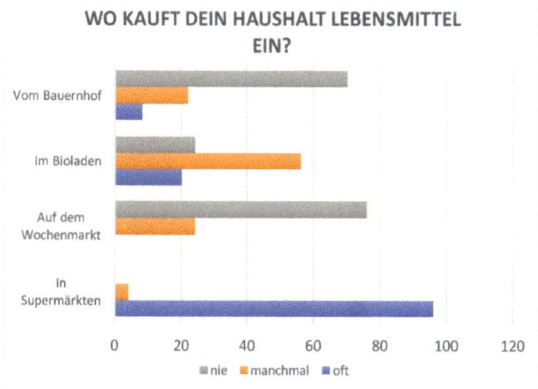

Abbildung 4:

Frage 2.) Wo kauft dein Haushalt Lebensmittel ein?

Abbildung 5:

Frage 3.) Wie oft kauft dein Haushalt Lebensmittel ein?

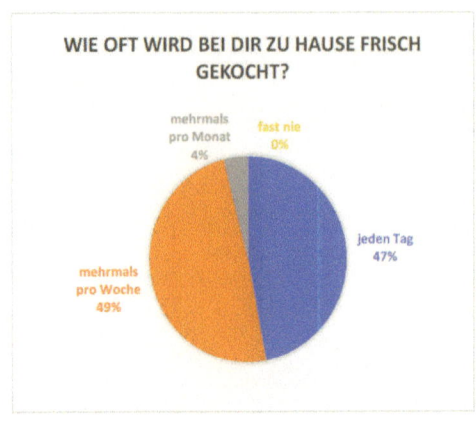

Abbildung 6:

Frage 4.) Wie oft wird bei dir zu Hause frisch gekocht?

Abbildung 7:

Frage 5.) Aus welchen Gründen werden bei dir zu Hause Lebensmittel weggeworfen?

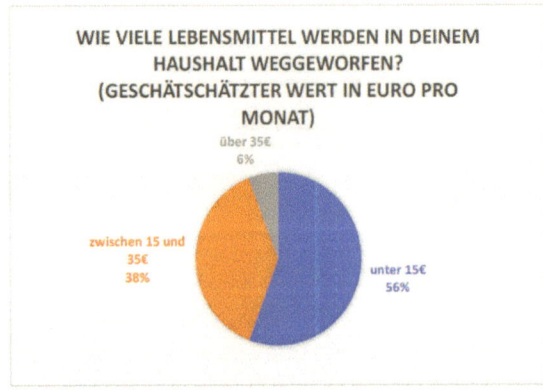

Abbildung 9:

Frage 6.) Wie viele Lebensmittel werden in deinem Haushalt weggeworfen? (geschätzter Wert in Euro pro Monat)

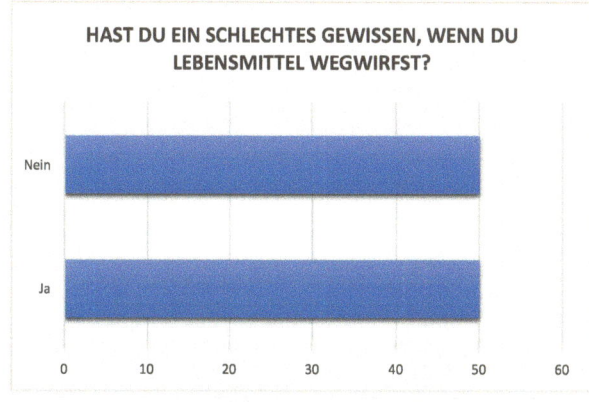

HAST DU EIN SCHLECHTES GEWISSEN, WENN DU LEBENSMITTEL WEGWIRFST?

Abbildung 10:
Frage 7.) Hast du ein
schlechtes Gewissen, wenn
du Lebensmittel wegwirfst?

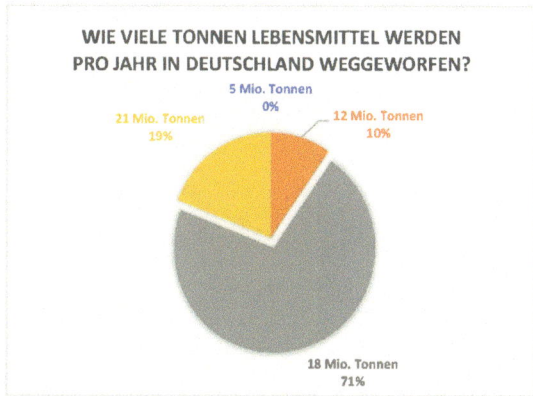

WIE VIELE TONNEN LEBENSMITTEL WERDEN PRO JAHR IN DEUTSCHLAND WEGGEWORFEN?

Abbildung 11:
Frage 8.) Wie viele Tonnen
Lebensmittel werden pro Jahr
in Deutschland weggeworfen?

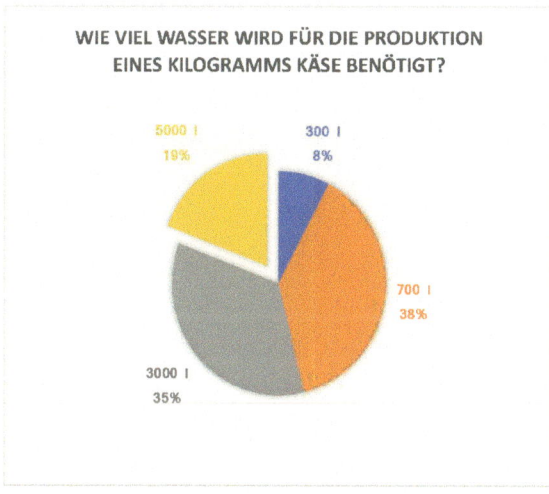

WIE VIEL WASSER WIRD FÜR DIE PRODUKTION EINES KILOGRAMMS KÄSE BENÖTIGT?

Abbildung 12:
Frage 9.) Wie viel Wasser
wird für die Produktion
eines Kilogramms Käse
benötigt?

27

2.3 Selbstreflexion

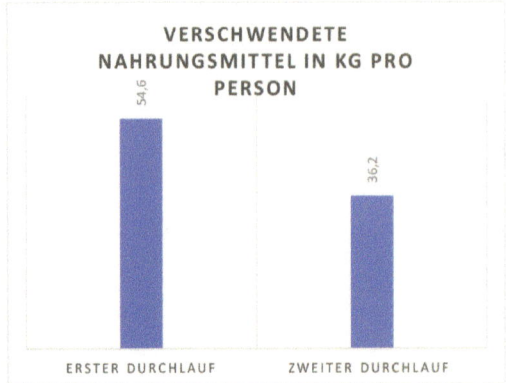

Abbildung 13:
Verschwendete Nahrungsmittel in
Kilogramm pro Person in zwei
Wochen.

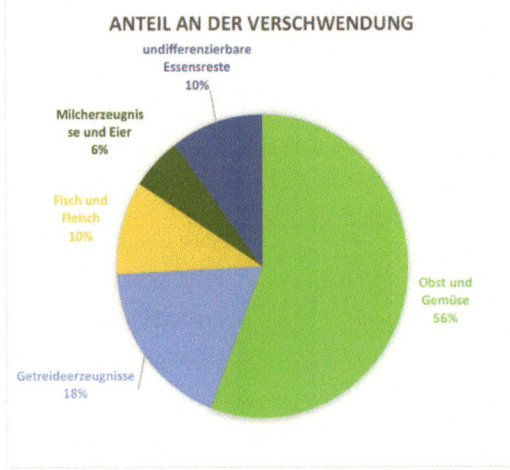

Abbildung 14:
Zusammensetzung des
Lebensmittelabfalls.

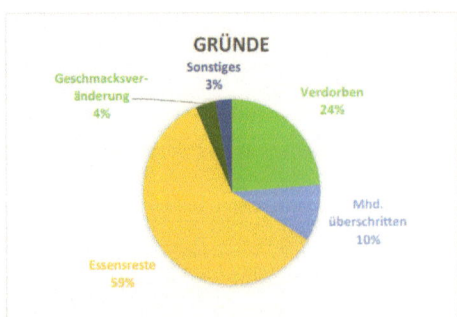

Abbildung 15:
Gründe für das Wegwerfen von
Lebensmitteln.

Abbildung 16:

Art der Verschwendung.